Flávio Miguel Mota Pereira

Poemas Sonhadores

Flávio Miguel Mota Pereira

Poemas Sonhadores

Quando o Escritor sonha e vai crescendo

JustFiction Edition

Imprint
Any brand names and product names mentioned in this book are subject to trademark, brand or patent protection and are trademarks or registered trademarks of their respective holders. The use of brand names, product names, common names, trade names, product descriptions etc. even without a particular marking in this work is in no way to be construed to mean that such names may be regarded as unrestricted in respect of trademark and brand protection legislation and could thus be used by anyone.

Cover image: www.ingimage.com

Publisher:
JustFiction! Edition
is a trademark of
International Book Market Service Ltd., member of OmniScriptum Publishing Group
17 Meldrum Street, Beau Bassin 71504, Mauritius

Printed at: see last page
ISBN: 978-620-0-10455-7

Poesia

Índice

Poesia de Amor

O amor é uma flor
Do teu dia como princesa
Quem gostar do amor
Fica a ser uma beleza

Se namorada queres ter
Eu vou mostrar o que fazer
Sê carinhoso e delicado
E exprime-te como deve ser

O amor é apaixonante
Dar coração a uma mulher
Mesmo que seja repugnante
Experimenta e vais ver

Não se ama pela beleza
Mas também pela pureza
Quando quiseres namorar
Olha para dentro e vê se vai dar

Mulheres, vinde em bando
Para ver principezinho
Preparem-se para a festa
Que o amor vai ser lindo

Anjos, esperai por mim
O amor vai começar
É só arranjarem um par sim
Pois todos vamos dançar

Eis que aquele que namora
Terá prazeres a dobrar
Então vamos embora
Antes que o Seinfeld comece a dar

O amor mágico
Trazido pelo cupido
Encontra para cada namorada/mulher
O seu belo par/marido

Nem todos o conhecem
Mas já o experimentaram
Algo de amoroso
Já pelo qual lutaram

É bonito amar,
Mais engraçado sentir
Roupas a tocar
Pelo amor estar a vir.

Amor, palavra bela
Cujo significado é complicado
Por vezes saindo dela
Pode vir um presente inesperado

É bom amar alguém
Sentimos nos puros e felizes
É algo porque todos esperamos
Nem sempre pode estar perto dos nossos narizes
Se amares alguém
Sê fixe e divertido com essa pessoa
Pelo que conheço há mulheres e raparigas
Que a mínima traição ninguém perdoa

Há que dizer que o amor
É algo bastante complicado
Os sentimentos por vezes não são bem estudados
E o caldo amoroso fica estragado

"Gosto de ti" é bonito dizer
Será fácil manter o que foi dito
Devido à sociedade de divórcios que existe hoje
Nem todo o amor chega bem ao seu estado finito

Se não chega, a culpa é vossa
Pois quem realmente ama
Não deve nunca cair na gana
De não amar assim tão bem

Pois! O amor
Sentimento inesperado, complexo, poderoso
Capaz de matar se mal usado
E capaz de prender se for perigoso

Amizade é o seu inicio
Amor, ponto de chegada
E se não for bem usado
O cupido malvado
Acaba com o feitiço lançado
Com algo pior, não antes nunca usado

E, aqueles que ao pior resistem
E que se comprometem a amar
Tristes ficam eles
Quando a vida for *finitar*

Bem, o amor é complicado
A pessoa pode amar
Mas o coração por vezes
Faz um tremendo pecado

Amor, amizade, paixão
Tudo no mundo tem a sua ordenação
A vida bem quebrada
Usa a sua inteligência para criar trapalhada

*I*maginação e *p*oesia

Um poeta brinca
Com palavras e frases
Fazendo num poema
O seu jogo de emoções

Um poema, imagem
Emoção com lugar reservado
Poeta brincando
Sem saber o lugar onde sua imaginação tem estado

Dizem que o poeta mente, finge
Mas apenas com o coração
Sentimentos ligando
É poesia em acção

Sonhos e sentimentos em foco
Poeta brincalhão
Imaginação alta e poderosa
Sentimentos são palavras que vão

Poeta sonhando
Criando emoções
Senhoras cantando
Inventam refrões

Homem lutando
Fazendo paixões
Poemas gritando
Enchendo corações
Poesia engraçada
Escritor pensador
Brincando e rimando
Sendo cantor

Nem tudo se imagina
Tudo tem seu lugar
Poesia e seu poeta
Brincando até não parar

Mas porque digo isto
Se pensar não é crime
Eu próprio tenho imaginação demasiado fértil
Que supera qualquer anime

Se eu aqui o pudesse
Ia para além do meu mundo
Não é que não possa
Mas me enterraria num poço sem fundo

Poeta, isso acontece
Cada momento uma rima
Meu coração nobre e sentimental
Nunca sei quando termina

Não desafio as leis da natureza
Mas as leis do meu próprio ser
Inventando mundos possíveis
Onde chapadas posso vir a receber

O poeta é isso mesmo,
O segundo criador,
Criando imaginação
Que se esconde no seu próprio refrão

Ser poeta é ser livre,
Aberto, intuitivo
Querendo imaginar o melhor
Para ser compreendido

Imaginação, o que nos torna realmente humanos
Conhecimento, o que nos torna racionais
Juntos formão seres incríveis e fenomenais

E podem nos prender, arrastar
Algo irá sempre prevalecer intacto
E por esse facto
É que ninguém nos pode privar de imaginar

Já os antigos o faziam
E estudaram para o compreender
Nós não precisamos de estudar
Mas de saber controlar o que estamos a fazer

O poeta inventa
Vai começando a escrever
Após uma bela obra
Conhecido pensa ser

Poesia esquecida

A poesia permanece esquecida
Fora do olhar atento duma criança
Nos tempos que agora correm
A poesia não deve ser só uma lembrança

Morreram Camões e Antero de Quintal
A poesia antiga tornou-se um livro
Capaz de se passar as páginas
E nunca ser mais lido

Escritores do nosso grande povo são cobertos
De manchas enormes na literatura
Um jovem pela poesia não se interessa
Percebe-la apenas para testes não dura

Vemos no nono ano a ser estudada
A antiga poesia camoniana
Que no décimo é relembrada
Duma forma antes não estudada
Sem herói apenas amada

É estudada liricamente
Pelo amor e pela paixão é desenvolvida
Versos de rima muito usada
E de dedicação á paixão perdida

Poemas como:"o amor é"
São levados muito ao programa
Pouco jovem se interessa na interpretação
Apenas o lê sem força ou gana

A poesia de outros tempos
Apenas é recordada por quem gosta
Um poema amoroso e sentimental
Já não é aquilo que muito se gosta

É preciso ter sentimento para perceber poesia
É preciso ter boa interpretação
Poesia antiga e por vezes confusa
Que nos leva em 1 segundo para outra questão

Sendo poeta tenho de preservar
O belo som da poesia
Para que a mesma consiga recuperar
O século em que ficou vazia

Já quase nenhum jovem se importa
De perder algo tão histórico como um poeta
Todo o jovem estuda pela nota
Mas a história fica plena

É no poema que surge o verso
É a história que embeleza um poema
O seu autor cantando poesia acorda
E com o tempo a sua mente transborda

Enquanto o jovem poeta
Tenta que a história da poesia não seja mais esquecida
Algo no mundo preocupa e sem culpa
Não o deixa em paz

A história, a poesia
Sem uma a outra não era o que é
Esquecida a poesia revela medo
Que a história lhe parta o pé

Ser poeta

Ser poeta é ser alto, sonhador,
Alguém que pensa pelas estrelas,
É cantar no seu esplendor
E com muito amor
Olhar para este mundo complexo a rir

Ser poeta é ser romântico, pensativo
Ser critico da sociedade a brincar
Temos todos um pouco de poetas
Só temos que o despertar

Ser poeta é ser solitário
Por vezes substitui-se o amigo pela cabeça
Estamos dentro de outro mundo
Onde a caneta e o caderno é que compensa

Não afastamos todos, apenas os menos importantes
Damos o pensamento ao manifesto
As palavras e expressões saem como o vento
Que por nós sempre passa levemente

É poeta aquele que com o coração pensa
É poeta aquele que dos outros cria um verso
É poeta aquele que rima em verso
E se não rima sabe o cantar

Poemas sonhadores

Gostava de ser carro
Para puder andar
E com rodas potentes
Acelerar

Gostava de ser peixe
Para puder nadar
Com brânquias gigantes
Que se podem abanar

Gostava de ser barco
Para puder velejar
Com proa e casco
Flutuar

Gostava de ser avião
Para puder voar
Com turbinas e asas
Que se podem pilotar

Gostava de ser bomba
Para puder explodir
Matar toda a gente
E fartar-me de rir

Gostava de ser computador
Para puder navegar
Na net e no mundo
Para me informar
Gostava de ser palhaço
Para puder fazer rir
E com muita graça
Me divertir

Gostava de ser poeta
Mas isso já concretizei
Meus amigos grandes e inesquecíveis
Grandes poemas dedicarei

Gostava de ser melhor do que o que sou
Mas isso vou tentando
Vencer nossas fronteiras
E dar cada dia o melhor do outro dia brando

E se quem sonha é escritor
E se quem sonha concretiza
Todos temos os nossos pensamentos
Nesta vida comparada a uma pizza

Se a pizza for a sociedade
E nós apenas um quarto de fatia
Como seriam os nossos desejos
Poderia ter tudo o que queria?

Sonhar, por vezes perigoso
Em índigos, duvidoso
Se o sonho se realiza
Algo novo na nossa vida se profetiza

Pois, em índigos a coisa complica
Porque nem sempre é sonho bom
Sabemos o que passará
Por vezes com medo da sua concretização

Somos todos sonhadores activos
Nossas mentes não param de imaginar
Em índigos é enviada a nós uma mensagem
Impossível de contrariar

Mas, cuidado
Tereis de tomar atenção
Se o sonho for mau
Temos de lhe colocar travão

É difícil mas possível
É quase inevitável mas consegue-se
O sonho alterado pela realidade
É coisa que nem a todos merece

Sonho, que bom
Índigo, que imprevisível
Se alguém for conjugar as duas
Fica algo quase impossível

Amizade

Eis uma força
Que nem sempre pode ser quebrada
Quando o é algo acontece
E ai ou é barulho ou chapada

Um amigo
Porque será esta palavra tão boa
Lealdade é instrumento
Para uma amizade que não magoa

Com meus amigos
Já fiz coisas que não farei mais
Até em colégios religiosos
Existem zonas de exploração que são demais

Comigo a magia acontece
Se alguém me aparece e se faz notar
Nesses casos em qualquer sitio onde esteja
Na pessoa fico a pensar

Apenas me aconteceu isso uma vez
Mas é bem recente
Esse amigo importante e fixe
Faz de mim um jovem diferente

Nunca tive problemas com amizades
Claro que há excepções
Mas os amigos mais marcantes
São apenas 3 sendo esses três bons corações
Eu apenas digo
Que se amigos queres ter
Tens de os fazer sendo tu próprio
E tenta nenhuma asneira fazer

Eu sei o que digo
Mas também sei preservar uma amizade
Às vezes quase me falha a boca
E começam as turras e os sermões

Sou muito amigo do meu amigo
Alguns especiais outros paranormais
A amizade é mesmo assim
Eu sou como sou mas meus sentimentos ás vezes não tem fim

Poderei me culpar pelo coração que possuo
Poderei me magoar com os amigos que faço
Não estou pronto para a minha vida
Sem amizades seria um fracasso

Farei tudo o necessário
Mesmo que chapadas e pontapés possa levar
Quem me conhece como amigo
Nunca sabe como e onde poderei chegar

Serei eu um otário?
Capaz de pôr sua vida em risco
Mas por amigos especiais
Todos vão saber que não desisto

Penso que a amizade
Mesmo podendo nem o ser
Deve ser levada bastante bem
Para problemas evitar-se ter

Amigos é algo que muitos temos
Se soubermos escolher
Temos na nossa mão as escolhas
Que não podemos deixar que nos façam em vez de nós irmos fazer

Cada amigo é uma porta
Que devemos aproveitar para nos ajudar
Por vezes elas fogem
Mas connosco podem sempre contar

A nossa vida aqui é assim
Temos de ter bons amigos para confiar
Pois sem os termos para boas coisas contar
A nossa vida aproximar-se-ia do fim

Somos apenas nós no mundo
E como o mundo é pequeno
Temos de ter amigos
Para vivermos connosco e serenos

Poemas sobre grandes amigas minhas

Maria

Sei que és mulher de armas
Mas tenho muito cuidado
És um símbolo de grande respeito
E uma bela jovem ao meu lado

Não é que queira namorar contigo
Apenas te estou a elogiar
És uma miúda muito fixe
E que ninguém pode insultar

É verdade que a escola
Nem sempre nos mostra como devemos ser
Não te acho má, até bastante boa
Mas algumas coisas tens de melhor ser

Sabes, Maria
As férias puseram-me bastante pensativo
Pensei muito instintivamente em ti
E por isso te devo um abraço de cativo.

Não sei se estarei a fazer mal
Não sei se o farei bem
És minha grande amiga e menos mal
Que pouco nos zangamos e está tudo bem

Rute

Podes ter muitos defeitos
Mas nenhum ainda foi encontrado
És muito fixe e divertida
E gosto de te ter comigo
Em dias também que não consigo
Gostava que estivesses mais ao meu lado

De mente és muito boa
De coração também
A minha cabeça se magoa
Se não estivesse por ai tudo bem

Conhecemo-nos há 4 anos
Mas mesmo assim continuas a mesma
Sempre fixe, divertida e inteligente
Ainda melhor que o Ricardo Quaresma

Isto só para brincar
E dizer que gosto muito de ti
Nunca te vou esquecer como amiga
E também ainda não esqueci

*P*oesia sobre os *a*migos

O meu grupo de amigos (colégio de Ermesinde)

Quatro pessoas por três anos
Nada como amigos nos separou
Algumas vagas zangas tivemos
Mas a amizade que tivemos agora perdurou

Crescemos a testar
A amizade uns dos outros
Para agora tudo acalmar
E mais amigos sermos aos poucos

Maluquices fizemos para nos safarmos
A coisas que ninguém se safaria
A meio dum teatro saltamos
Para a plateia e ninguém nos via

Conhecemos hilariantemente
As quatro paredes da liberdade
Por uma hora e meia a experimentamos
E rimos que nos fartámos

Enquanto o colégio nos prendia
Fomos passear num intervalo
Não podíamos
Mas, bem, não estava lá nenhum poste a limitá-lo

Enquanto estávamos ali
Nada nos prendia
Fui também com outro amigo
Ver onde antigamente a criançada dormia

Enquanto o nosso cadastro no colégio
Ia dando provas de riso
Mais uma planeávamos
Para não nos chatearem o juízo

E bem, o plano mais divertido
Foi a maior diversão
Quase ninguém almoçar a casa podia
Mas nem isso nos serviu de prisão

Íamos a tentar ir ao McDonalds
E alguém duma forma nos apanhou
Quem vai a uma loja na hora de almoço
Pergunta que nesse dia nos arruinou

Depois dessa breve aventura
Nem mais uma queríamos fazer
Pensávamos muito nisso
Mas algo nos fazia perder

Eu em algumas aventuras
Sabia como não ser apanhado
Á tarde ia para casa
E os meus amigos apanhavam com a massa
Nomes como os dos meus amigos ficam gravados em nós
Para vermos as asneirinhas que antigamente fazíamos
O importante é que sempre no fim
A diversão rondava nos sem sempre assim

Agora cá estamos nós, mais velhos
A marcar mais uma etapa da nossa vida
O que se passou já foi ontem
Agora a página não pode ser repetida

No meu grupo por vezes queria entrar
Um rapaz que desde há muito me conhecia
Andámos antigamente bem amigos
Ele era dos mais fixes que havia

Conheci-o em pequeno
Sempre me tentou ajudar
No meu grupo não entrou por ser mais novo
Mas agora um pouco me está a faltar

Desde pequeno a minha teoria de amizade não mudava
Mas em 3 anos sinto que mudou
Alguma coisa em mim eu precisava
Mas através do grupo sei que já em mim entrou

Graças aos meus amigos
Sou quem deveria ser
O grupo sempre me ajudou
E acho que por vezes ainda precisar eu vou
Tive e tenho muitos amigos mais novos
Mas agora percebo que tenho de ser maior
O meu grupo sempre me ajudou
E é assim que eu estou

Há mais amigos
Mas tive medo de más interpretações
Amigos que são mesmo grandes amigos
E com os quais estou a passar serões

Não pensar que é pouco
Mas tem significado
São as amizades que temos
Que nos ajudam a criar legado

Com elas somos fortes
Se ninguém nos esquecer
Parece que muitos de nós
As amizades deitam a perder

Índigos

Poemas sobre índigos

Desde há 10 anos que foi descoberto
E está-se a tornar bastante habitual
Crianças e adultos nascerem estranhos
E n saberem o que fazer e tal

Os psicólogos não ajudam
Poucos conseguem reconhecer
É por vezes dada medicação
Para coisas impossíveis de aparecer

Seremos únicos no mundo
Ninguém nos compreende
Juntos a nossa força aumenta
Separados apenas a nossa alma nos defende

Os índigos fazem coisas estranhas
Coisas que nenhum homem imagina nunca
Prever futuros, visões, acender coisas, etc.
Coisas impossíveis de ter emenda

Conheço vários índigos
Mas tem de se esconder dos outros
Jovens com problemas por vezes visíveis
Que nem sempre são aceites por todos

É ser especial
Mas há quem os veja uma ameaça
Supõe-se que em 2012
Serão os únicos resistentes à desgraça

Mas esquecendo por agora 2012
Alguém tem de saber os índigos proteger
Poucos no mundo os compreendem
Como haverão eles de fazer

Já vi, em vários sítios
Problemas de incompreensão índigo
Cuja resposta é sempre a mesma
a divisão é um perigo

vemos índigos sozinhos
incapazes de se juntar com ninguém
outros que ao ignorarem o que são
tentam encontrar compreensão

O fenómeno é incrível
pois quanto mais raro mais comum
a união faz a força
a separação não ajuda jovem nenhum

Mas se pensa que são apenas jovens
Está redondamente enganado
Até os adultos podem ser índigos
Mas suas habilidades verificadas

É mais comum em crianças
Visto que poucos os adultos que o aceitam
É divertido ser índigo
Mesmo que as coisas más pareçam

E enquanto sozinhos cá estamos
Juntos e mais perto parecemos
Amigos unidos como nós somos
E cada vez mais o seremos

Quanto a 2012 pouco se diz
Mas não indica que esteja correcto
Muito até lá temos de batalhar
E o pior pode estar já a começar

E se esta crise for o inicio
Nem podemos esperar pelo fim
Pensei que mais uma guerra mundial teríamos
E deus queira que não seja bem assim

Ser índigo é bestial
Aprendemos com a natureza
As coisas que pensamos realizam-se
E a vida mete por vezes medo de certeza

Questionário sobre as crianças índigo(fundação casa índigo)

Trata-se de uma criança muito intuitiva (parece adivinhar as coisas) e traz consigo, desde a nascença, uma certa realeza comportando-se como tal?

Sentem que merecem estar aqui e admiram-se quando outros não os reconhecem. Revelam-se bastante sensitivos (parecem observar, ver, ouvir e detectar acontecimentos, objectos e situações aparentemente impossíveis)?

São muito sensíveis à música, à pintura, às paisagens grandiosas e sublimes, ao belo?

Dizem, com naturalidade aos pais quem são e donde vêm e alguma vez referiram ter falado com anjos, Deus, extraterrestres ou outras entidades?

Preocupam-se muito com questões humanitárias, a fome, as guerras, os problemas ambientais, com os animais abandonados ou maltratados?

Gostam de ver programas sobre História, Religião e Arte na TV ou na Internet?

Sentem-se frustrados com sistemas que obedecem a rituais e sem criatividade, apresentam outras formas de fazerem as coisas, tanto em casa como na escola, o que os torna rebeldes ou simplesmente desinteressados?

Costumam desenhar figuras exóticas, seres extra-terrestres, figuras estranhas?

Apreciam conversar sobre Deus, o princípio do Mundo, a Vida, os OVNIS, etc?

Parecem ser anti-sociais, e, por vezes a escola é o local onde lhes é muito difícil socializar. Apreciam a solidão. Gostam de se fechar no quarto para ficar sozinhos?

Têm dificuldade em aceitar uma autoridade absoluta. Falam ou escrevem sobre assuntos que parecem não ser para a sua idade e formação?

Se respondeu SIM a mais de 4 perguntas... esteja mais atento ao seu filho ou educando, porque poderá estar perante uma criança índigo, por isso tente retirar dele mais informações, mas proceda com carinho e amor verdadeiro, porque estas crianças, devido à sua sensibilidade e capacidades extra-sensoriais, apercebem-se facilmente das suas intenções, sobretudo se estas não foram para seu bem. Como sabem elas trazem consigo um verdadeiro detector de mentiras e, intuitivamente, lêem os pensamentos das pessoas com quem tratam

A minha *v*ida

Porque serei eu diferente
Porque não posso ser normal
Nasci forte e imponente
Mas com a sociedade agora me estou a dar mal

Estou na minha ilha
Às vezes olho para fora
Dou a voz ao vento que passa
E á senhora que vai embora

Só estou neste momento
Á espera que uma frase caia
Meu pensamento é como uma árvore
Que contra a terra e o mar batalha

Não tenho pena de ser quem sou
E de ser fácil me deixar levar
A minha vida não me ajuda muito
E não sei a quem me hei-de virar

Tenho um problema desde nascença
Vivo com ele e de mim não consigo que saia
Tenho raiva de quem me pôs assim
E todos os dias contra mim ganha

Sei que sou diferente
Mas diferente por vezes é bom
Ser um rapaz bem diferente
Em que a poesia é o seu refrão

*P*oemas sobre *m*im

Cá estou eu esperando cada verso
Do mais insólito e poderoso desconhecido
Ansioso que o mundo quebre de novo
A força de um ar nunca dantes sentido

Sem saber o que esperar
Só o futuro e o céu conhecer
Um universo no qual ando a sonhar
Perguntei-me porque hei eu de viver

Deixando a Terra, ouvindo a natureza
Sem saber onde parar, de certeza
No mundo por uma vez me entreguei
Se apanhar falta meu risco não temerei

Sossegado, sentindo a beleza
Dum mundo cheio de inocência
Sem saber o que fazer
Mas certamente nada me vai deter

Não conheço o mundo por onde pairo
Não conheço as vozes que no céu entoam
Sinto o vento que me rodeia
Que a força do sol e sua luz magoam

Deixo-me cair por um dia apenas
Num lugar á muito desconhecido
Para ouvir o que me revela o vento
Sem ouvir um miserável e severo alarido

Procuro sem cessar
O grande sentido da minha vida
Tentando fazer lembrar
Quem eu sou e quem seria eu em outra vida

Já algo descobri
Que me pode ter posto zangado
Não sei se em outra vida cá estive
Poderei eu cá ter estado?

Tenho algo desde nascença
Que agora está a melhorar
Mas que pela mera incompetência
Me foi calhar

Sei que é insignificante
Mas algo quer isso dizer
Pois se assim não fosse
Para que é que me vinha ter

Quem me dera ser outro
Quem me dera ser melhor
Luto todos os dias pelo mesmo
Com grandes guerras em meu redor

Poemas dedicados a família que perdi

Avozinha porque foste morrer?
Foi deixada a tua filha e o teu neto a sofrer
Tivemos de muita tormenta batalhar
E a nossa vida fomos arriscar

Na vida sou testado
Por ti penso em quem sou
Todo o mundo te foi roubado
Apenas Deus te consagrou

Meu tio porque morreste?
Porque tinha o mundo de te trair
Nada fizeste de errado
Que culpa tens por te tentares divertir

Vós os dois agora unidos
Rezando por mim e pela minha mãe
Agradeço o apoio que me foi e é dado por vós
E a minha mãe reza muito para vós

Se não fosse para ser testado
Teria mais vida que coração
Vós me destes corpo para viver
E alma para não me deixar vencer

Ainda sinto falta
De estar algum tempo com vós
Por vezes chorar não custa
Mas penso sem ter muitas vezes voz

Não sei o que sinto
Mas não desanimarei
Com vós era mais forte
Mas tenho quem proteger, eu sei

Mortes são sempre coisas tristes
Mas quanto mais próximo de nós pior a queda
A subida é o mais difícil
E só a nós parece que enreda

A força, sempre amiga do ser humano
Tem de ser provada nestes momentos
Contra algo tão forte como isto
Temos de dar o melhor para lutar em cima deste imprevisto

Nascemos para morrer
Mas não estamos preparados para quando acontece
A escola por vezes é desânimo
Que nestes casos não se esquece

Poemas sobre a vida

Não há melhor poesia
Que viver a vida
Aproveitando desejos
Vivendo percevejos

Há no mundo quem viva a vida
Fazendo loucura
Truques mortais e perigosos
Colocando a vida insegura

Há quem viva a vida
Fazendo poemas
Libertando chatices
Criando fonemas

Um dia haverá alguém
Que não se contente com a vida que tem
Quererá ir pró além
Antes que a vida lhe tirem

E se esse alguém
Não for impedido
Terá choros e miséria
Enquanto terá falecido

O melhor que temos é a vida
Mas pessoas há que não lhe dão devido valor
Fazem erros e mais erros
A vida, qualidade divina
Que temos o dever de aproveitar
Embora pareça bem curta
Não a podemos perder nem desperdiçar

Todos temos uma vida boa
Temos é de saber usá-la
Matarmo-nos é pecado
Pois vida igual não haverá em nenhum outro local

Temos de viver com as injustiças
Temos de viver por vezes com o que não queremos
A vida não pode facilitar como queremos que faça
Pois a vida pode se tornar uma pior desgraça

A vida é uma escalada
É um poço pelo qual muitas vezes caímos
Mas nenhum desafio é impossível
Apenas mete medo terrível

Lutando contra monstros
Ou os nossos próprios desafios das montanhas
Todos temos sacrifícios
E pior quando se tornam em aranhas

Todos temos algo
Que morto nunca teríamos
O melhor é aproveitar enquanto cá estamos
Para depois crescer os outros vermos

Deram-nos esta vida
Todos temos uma missão
Após a concluirmos a mesma
Deixa a vida de ter razão

Vemos os mais velhos recordar
O que em tempos antigos passaram
Sem o fim quererem aproveitar
Para eles a vida acabaram

Não se deve assim pensar
Ainda há muito na vida
Mesmo com o fim a se aproximar
A missão ainda não foi cumprida

É tempo de olhar para traz
E corrigir o que outrora não fora corrigido
Quanto menos tempo a correcção demorar
Mais o fim estará para ser vivido

Solidão

As pessoas sozinhas
Nada fazem, nada tem
Sozinhos andamos
Só em alguns confiamos

Quem o não gosta
Nada se consegue
Ás vezes a solidão
É melhor que a integração

Não gosto de estar da solidão
Gosto de terá amigos
Sozinho entristeço
Perdendo os sentidos

Quando estou só
Me apetece chorar
Detesto a escola
Se sem amigos tenho de estar

No mundo, o solitário
É aquele que aprende ao contrário
Se deixa ir pelo mau
E no seu interior leva tautau

Ninguém deve estar sozinho
Tudo pode parecer
A alma sozinha grita
O corpo se aflija

Sozinho, ninguém é ninguém
O coração por vezes não resiste
E se a solidão persiste
O suicido é a ultima acção

Os índigos andam muito sós
Pois ninguém os compreende
Conheço gente que sozinha
O coração se auto-entende

A solidão é chata
E eu que o diga
Mesmo acompanhado fico sozinho
Pois poucas pessoas me dão espiga

Quando sozinho eu grito
Por sempre na minha vida o ter estado
Acredito que no mundo
Mais vale sozinho que mal acompanhado

Todos temos a nossa dose
A nossa solidão persistente
Nem queremos por vezes estar sós
Mas o nosso íntimo sente-se descontente

Amigos VS traidores

Amigos são aqueles que nos defendem
Que nos ajudam e connosco brincam
Um gozo por eles é perdoado
Porque eles não sabem com quem se pintam

São aqueles que por muito que algo aconteça
Nada os para de ajudar e melhorar
Tem o coração aberto para as experiências
E connosco gostam e de estar

Não importa a idade
Mas sim o coração
Pode até ser um miúdo
Mas quanto menor a idade em relação a nós mais coração e amizade
tem por nós

Traidores são aqueles que por tudo
A nossa vida gostam de estragar
Vem e fazem a nossa vida negra
E por isso muitos tiros lhe vamos dar

Amigos VS traidores
Um tema que muito diria
Tudo existe no nosso mundo
E muita conversa daria

Por muitos traidores que haja
Os amigos tendem a ser melhores
Nada os para de ajudar
E na nossa amizade estão e vão ficar
Nem os que eles conhecem são verdade
Os traidores não nos podem conhecer
Embora alguma parte da verdade se saiba
Só alguns a podem ter e saber para responder

Na vida todos temos de aprender
Que a amizade um preço tem
A traição é a quebra desse preço
Que muitos na vida pagam bem

Eu não digo que não saiba
Mas muitos os traidores comigo pagaram
E a amizade com eles fortaleceu
E amigos leais isso deu

Ser amigo custa
Muitas coisas há que perdoar
Ser traidor assusta
Muito há que na cara levar

Tendo eu alma dura
Que não se deixa levar
Amigos comigo é a sério
Poucos eu na minha ilha deixo entrar

Bons amigos não se arranjam
Sentem-se no coração
Se mentiras sobre eles nos lançam
O coração diz que não
E se o amigo ajuda
O coração sente-se cuidado
Todos por vezes temos de ser traídos
Para a amizade estar em bom estado

É um pouco do ciclo da vida
Ser e não ser traído
A amizade é o que importa
Mesmo que depois um murro venha contraído

Eu tenho alguns amigos
Pessoas que me querem mesmo bem
Ás vezes até os adultos surpreendem
Pois muitos deles tem em si muito bem

Com amigos como os que temos
Quem precisa de inimigos
Para nos meter em confusões?
Ou para nos alertar dos perigos

Há ainda quem não distinga os amigos
Mas quem lhe faça o bem
É considerado amigo
Mesmo que o coração não o diga também

É algo bastante complicado
Ser amigo e os ter
Inimigos para evitar
E criações para inventar

Poesia dedicada aos sentimentos em geral

Há quem diga que sentir
Significa uma abertura
Para mundos reais
Sem social cobertura

Se algo nós sentimos
Às vezes não é tão fácil ignorar
Algo nos está a prender por dentro
Quase a nos matar

A alma sente
E o coração se coloca a escutar
Nestas mensagens descodificáveis
Nem com a cabeça podemos algo realizar

Se quando o sentimento é profundo
E a cabeça contraria
Façam como eu faço
Pois em tudo a cabeça não é só o nosso guia

Há uns tempos ouvi uma verdade
Um homem me revelou ciúmes
Chorou por queixumes
Duma minha amizade

Se esse homem teve coragem
De a mim me vir aquilo dizer
Estas coisas são verdades que não podes esconder

Quem sou eu para julgar
Por algo escondido ter sido libertado
Esse homem que me veio a verdade contar
Tem a minha amizade forte partilhado

Não me esqueço de ninguém
Nunca me tinham revelado tal segredo
Amigos querem elevar muitas vezes
O seu coração mais cedo

E se alguém no mundo
Com a minha amizade se revelar
Podem estar descansados
Pois nada no mundo pode me contrariar

Com tanta poesia sentimental
Estou-me lembrando de alguém
Capaz de por mim esperar
Até por causa dum mero jogo, vejam bem

É bom que os sentimentos fluam
Sem serem comandados
Se forem por vezes magoam
Pois os sentimentos são errados

Um ódio, uma inveja
Algo pior é impossível
A maldade e a cerveja
Dão um ambiente terrível

Não devemos ser maus
Pois quando o somos
O nosso coração bate mais forte
E dizemos muito expressões à sorte

E se por vezes ao dizermos
Formos recuar anos para traz
É pior a emenda
Do que a pessoa que ouve de trás

Se estiveres furioso
Nunca vás buscar acontecimentos ao passado
A relação fica pior
E por vezes um casamento estragado

Tem cuidado com o que sentes
Pois o corpo mostra a verdade
Ao te analisarem de alto a baixo pode-se
Descobrir um mentiroso na sua piedade

Os sentimentos mais fortes
Tem que começar por uns mais fraquinhos
A evolução nem sempre é boa
Mas pode dar uns estalinhos

Dias de festa e feriados

O aniversário é muito bom
Cada vez nos tornamos mais velhos
Estamos cada maiores
E dos outros mais distanciados

Com cada dia do ano
Podemos berrar e dizer que não
Mas por vezes o nosso aniversário
É aquele dia em que ninguém nos diz não

É um dia para nós
É um dia para a família
Bons tempos são relembrados
Tais como o dia em que nascia

Temos prendas e somos receptivos
As crianças querem muito presente
Para outros são apenas dias celebrativos
Que por um dia deixam a gente contente

As crianças suplicam por prendas
Os adultos suplicam por paz
No dia de aniversário
Os dois mundos andam contra e zás

No dia da criança é só festa
Rebuçados distribuem-se á fartura
As crianças aguardam suas vontades satisfeitas
Sem nenhum "não" à mistura

Os jovens já pouco se interessam
Já passaram a fase da criancice
Mesmo o olhar que aos outros arremessam
Faz lembrar tempos de lambarice

E se os jovens pouco se interessam
Os adultos são requisitados pelo dinheiro
As vontades dos mais novos tem de ser satisfeitas
Para que os filhos agradeçam

No natal muita prenda é largada
Mas pelo senhor das renas
As crianças á noite ficam esperando
Até o belo abrir das suas prendas

Na árvore de natal a família
Está sempre reunida
Por um bacalhau á medida
Ninguém se quer separar

E pelas prendas, é claro
Lá vai o pai natal coitadinho
Cheio da gordura de tanto rei
Comido no nosso bolo reizinho

E ai se um dia o pai é descoberto
Tentando se vestir á pai natal
As prendas compradas para os filhotes
Acabam um dia mal

E à meia-noite a lua canta
Pois alguém barbudo entrou no teu telhado
Tentando te dar o belo presente
Que a lua tanto tem invejado

Já ouvi a lua dizer
"ai que não recebo prenda nenhuma"
Ela esquece que o pai natal
Sem chaminé não entrega pluma

E o belo sol que já me disse
"Ai que o pai natal não pode cá vir"
Pois o calor que no sol se está a sentir
Não dá para coisa alguma

No carnaval todos em fatinho
Vamos para o trabalho acordar
Mesmo que estejamos em aulas
Até bombinhas podemos mandar
E é como se diz
Que no carnaval ninguém leva a mal
Muitos fanáticos dessa teoria
Levam amigos para o hospital

Para as crianças é divertido
Pois ninguém sabe quem é quem
Recebem na mesma rebuçados
Para no outro dia se portarem bem

E assim se faz um dia
Cheio de alegre melancolia
Páscoa, Natal ou assim
Não se passam de barriga vazia

Na Páscoa o coelhinho
Que anda por todas as casas a saltar
Traz belos e decorados ovinhos
Para os meninos irem caçar

É assim que a Páscoa diverte
Descobrem-se amigos e ovinhos
Que anteriormente caladinhos
Esperavam a nossa chegada

E por falar em bons dias
Que tal o 25 de Abril
Rosas e liberdade
Que em outros tempo caiam mal
Por todos é muito festejado
Se não a liberdade não existiria
Muitos são os que se que querem o retorno
Do antigo esquema politico que existia

Todos eram respeitados
Podia-se andar bem na rua
Os censuradores mal encarados
Que colocavam as notícias ou os outros iam para a rua

Tempos bons, dizem os adultos
Pois o país saiu endinheirado
Agora está tudo num caos
E a crise é o seu chiado

E se naquele tempo não havia liberdade
Penso que agora até demais haja
Políticos desordeiros que na verdade
O crime praticam quando a luz baixa

Quando o 31 de Outubro chega
Bruxas, mortos e coisas que tais
Saem dos túmulos mais uma vez
Para pregarem sustos letais apenas por um dia talvez

E se os sustos forem bem pregados
A doçura ou travessura entra em jogo
Para mais rebuçados engraçados
E matanças de risos para o povo
Enquanto que em Inglaterra
Os sustos são cada vez melhores
O povo português de hoje
Não se leva por meros terrores

Os ingleses o trouxeram á vida
E seus cemitérios assombrados
Ficam cada vez mais estourados
Com os mortos libertados
E é assim o halloween

Assustador, tremendo
Por um dia apenas horrendo
Com abóboras brilhantes cantando
E fantasmas por toda a noite voando

É o dia dos sustos,
É o dia das maldições
Crianças e os seus doces
Fazem da noite serões

Outros

Se no mundo existir quem faça o bem
Que não o diga, que o faça
Mas são poucos os que com ele
Dizem e conseguem fazer

Às vezes olho para mim pensando:
- Porque cá estou?
Sem saber a resposta digo:
- estou sem lugar e não sei para onde vou

Sinto-me estranho no mundo
Sem me saber dominar
O que acontece vivo
Sem ao futuro me entregar

Sem terra para onde ir
Sem vida por onde levar
Vivo só e incertamente
No mundo não sei estar

Quando sei com quem estou
Sei o que devo fazer
Na minha ilha montar eu vou
Um corpúsculo do meu ser

Na minha ilha dourada
Apenas alguns podem encontrar
O tesouro há muito esperado
E bastante cobiçado

Um tesouro muito querido
Muito grande e contente
Todos o querem de tão vivo
Mas apenas 3 podem recebê-lo pois são boa gente

Porque guardarei eu um segredo
Capaz de muito ser roubado
Não é material por isso não é vendido
Mesmo assim muito pretendido

E bem, o tesouro
Continua guardado em mim
Para aqueles que o tem
Saberem onde sempre estarei sim

Pombas

Vão pombas a voar
Saltando de telhado em telhado
Algumas ao enganarem-se no sitio pousado
Vê-se num vidro a pairar

As necessidades não precisam de fazer
Nem tem sequer lugar
Vasta estarem a voar
E em alguém ou algo as vão soltar

Linda pelugem tem elas
Mas andam sempre a perder
São como outros pássaros
Capazes de voar até onde tiver que ser

Nem tudo para elas é visível
Mas ouvem bastante bem
Gostava de também ser pomba
Para voar e não ver também

As pombas são admiradas por ser livres
não tem fronteiras nem aviões
basta a elas bater as asas
e vão daqui até donde o vento vem

É belo ver algo livre voando
É bom que assim poça ser
Tenho pena que muita gente olhe para pombas
E pense logo em as abater

Não há melhor do que poder voar
Sem saber nem ter paragem
É como ao sabor do mar
Sentir uma onda na pelagem

Enquanto vivemos nós por aqui
As aves voam livremente
Em bando ou sozinhas
E o seu sentido *localizativo* não mente

A cor da pomba mostra liberdade
Mostra força de vencer
Usam as asas e a sua vontade
De muitas crias amamentar e fazer

Um olhar crítico, um pouco *cómico* e *poético* sobre a *a*ctualidade

Temos entre mãos uma crise
Que ainda vai acabar mal
Nós com problemas financeiros
E o governo sentado em papel dourado de jornal

Pois, o povo é o que mais sofre
A economia está no pior
O desemprego aumenta cada dia
E o senhor Cavaco com ouro em seu redor

É um problema grave de desigualdade
É algo que está a acontecer no mundo
Enquanto que o povo com problemas fica
Os presidentes tentam a sua rica resolução maldita

O problema persiste,
O governo mantém-se sentado
Em Belém os donos do país
Em camas cheias de ouro dormem deitados

Acho isto mal
Acho que algo não se encontra direito
Nós fartos de sofrer com os impostos e contradições
E o governo mentindo
Faz em nós sentindo
Que contra eles temos de estar

Compreendo a intenção governativa
Mas é como quem diz
Quem todo o poder nas mãos tem
Esquece que não é melhor que ninguém

Porque tem de ser sempre assim
O povo sofre e endivida
O governo esquece-se de quem é
E nos mente sem medida

Ai, o nosso Portugal
Povo endividado
Desemprego aumentado
E o governo em ouro sentado
Tanta desigualdade
Mas porquê esta realidade
Ter mesmo de ser assim

E quando tudo parecia já mal estar
Vieram os nossos amigos emigrantes
Estragar o que já estava mal antes
Com uma gripe muito má

E as vacinas que poucas estão á venda ou foram produzidas
Estão a criar uma revolução
Com a gripe A não se brinca
Mas quando as vacinas forem mais pessoas as injectaram até mais não

O mundo vai de mal a pior
Já não faltava a crise que endivida todos
E vem a gripe cantando
"Já que estais tão mal esperai por mim"

O mundo entre nós derrete
E a politica rica não se preocupa
Sócrates muito promete
Mais ele e o Cavaco Silva é que tem muita culpa

Agora até se diz que os altos governantes
Se tentam infiltrar nas eleições
Fazendo o que não poderão fazer antes
Mas com a crise só sabem dizer direcções

E enquanto para o fim do mundo caminhamos
Tudo vai ficando pior
Políticos enganam meio mundo
E doenças pioram ao nosso redor

E, bem, é assim o nosso mundo
Doenças a matar
Políticos a enganar
É mesmo o fim

Sobre o aquecimento global

Enquanto nós pela Terra andámos
Algo pior está se a soltar
Por muitos esforços que façamos
Temos de a parar

Já Al Gore se preocupava
E acho que nas noticias tem se pouco falado
Algo que no globo por nós foi começado
E não pode ser parado

O gelo derrete, a temperatura sobe
O nosso verão é muito quentinho
Todos os dias em algum lugar algo se move
Para nos deixar mais quentes um bocadinho

Vi, há pouco tempo numa notícia
Que as temperaturas estão mais uma vez a aumentar
Podemos e devemos tratar deste assunto
Antes que algo pior do que a crise começa a muito elevar

Marte nos serve de aviso
Lá o calor nada deixa passar
A atmosfera de gases vulcânicos
Transformou o planeta em algo que não se pode habitar

Por isso, estou preocupado
Com algo que o ministro cruza os braços
Temos estado em muitos embaraços
Mas deste não sairemos não

Enquanto que por cá pouco poluímos
Os USA e outros países não sabem parar
Temos que ajudar-nos uns aos outros um bocado
Mesmo que pouco isso vá adiantar

Para um português não informado
Palavras como cooling não são preocupantes
Se formos ao tradutor vemos
Que algo não pode estar bem

Pois, vi que zonas do árctico estão a aquecer
E temos de arranjar solução
Certo é que cada vez mais
Iremos viver num planeta com uma grande inundação

Temos de saber o avanço
Que isto no global poderá tomar
Mesmo com simulações e testes
Saberíamos o que nos vai chegar

Não é mau estar preocupado
Temos que viver com o planeta assim
Gases de estufa em valor elevado
O que para um civil pode não ser tão mau assim

Temos que cuidar do nosso planeta
Pelo menos minimizar o perigo
Não teremos lugar para viver
Se não corrermos um pouco de perigo

Temos de agir já
Antes que morramos a tentar
A nossa biosfera corre perigo
Se o que fizermos mal não tentarmos remendar

A vida é pura se dela tratarmos
Não só a nós mas a todos que aqui vivem
Temos de fazer o melhor para que cá estejamos
Mais tempo e com que nossos filhos sobrevivem

Se poluirmos a nós nos cai
Se tratarmos a nós bem nos fica
Temos de ser o melhor para o planeta
Visto que a natureza também contente fica

Ao poluirmos matamos
Ao matarmos a natureza entristece
Pensem naquilo que bem fazemos
E ajudemos a salvar o que a nossa ajuda merece

Travai os poluidores
Ou fazei que seu dano seja menor
Todos neste mundo somos causadores
De poluições que em nós caem em redor

Se poluímos pagamos
E o efeito de estufa é um bom exemplo
As fábricas limitar nós levemente vamos
Para depois depararmos com melhor templo

E assim se faz uma boa acção
Que valerá por mil palavras
Mais de milhões de vidas salvas
E para muitos haverá montes de palmas

*P*oesia sobre os *4* elementos da *n*atureza

Fogo, água, terra e ar
Nada os subestima
Se algum deles se zangar
A tragédia vem por cima

Fogo quente, porque queimas
Pelos incêndios não te percebo
Quando és preciso não ajudas
Com a ajuda do vento és tão grande que te temo

Água, que tão calma és
Quando ficas furiosa és um terror
Capaz de matar e com muita dor
Deixar os outros ficar

Vento, que passas de leve
Quando és forte ninguém escreve
O risco que todos sentimos
De te puderes enfurecer outra vez

Terra, que tanto te zangas
Teus terramotos e catástrofes são frequentes
Deixando as pessoas descontentes
O que terão feito para o merecer?

Vulcões que furiosos lançam
Sem pena a sua formosura
Libertando de cada fissura
Um pedaço de destruição

A terra treme por vos ver furiosos
Cresce e do mesmo modo é destruída
Pela fúria da vossa lava fluida ou explosiva
Que nos tira casas e a alguns também a vida

Pedir para terem cuidado não funciona
Mas as erupções são de rápida previsão
Um abalo de terra mostra
Que algo entrará em erupção

*P*oesia dedicada a *a*lguns aspectos da *e*scola

Recreios

Quando chegam os intervalos
É hora de curtir
Bolas rolando
Para no chão cair

Os que querem estudar
Ninguém os chateiam
Mas todos já sabem
Que nem sempre conseguem com a barulheira

Há pessoas que mesmo sozinhas
Se conseguem divertir
Outras, que estando sozinhas
O vento não deixa sorrir

Tempos que passam
Horas que vagueiam
Brincando todos felizes
E bolas que no ar nos rodeiam

Todos se divertem
O recreio é assim
Jogadores se juntam
Desafiando sem fim a gravidade

É no recreio
Que a magia por vezes se explora
Muitos castigos são feitos
Por asneirada feita a toda a hora
É no recreio
Que grandes conversas são lançadas
Os velhos amores juvenis
Começam de leve as suas beijadas

Um beijinho aqui, outro ali
E puf, acaba o intervalo
A paz que numa aula se sente
No intervalo acaba em galo

Para os jovens é um tempo de festa
Pois nem todos gostam de estar com professores
Em alguns sítios a festa
Acaba só com ambulâncias e dores

É o ringue nas públicas
É a igreja nas privadas
O recreio é mesmo assim
E está cheio de lindas meninas lançadas

Lançadas porque a amizade
Aqui sobe a fasquia
Beijos e encontros marcados
E toda a gente assobia

É também a altura em que dois escritores
Combatem contra o tempo para escrever ou ler
Depois contentes ficam
Pois aproveitam o tempo a valer

Poemas e comparações poéticas

Existe no mundo um lugar
Que todos alcançam mas ao qual não conseguem chegar
Aos inúmeros sítios que nos rodeiam
Sem o seu atravessar

Um lugar tão profundo
Onde o sol é mais ardente, o céu mais transparente
Onde a lua ultrapassa o poder da matemática
Onde todos os dias seres desconhecidos vivem
Tecnologias inimagináveis e impossíveis de usar

Um lugar tão profundo
Dos mares da escuridão
Lugar á muito descoberto
Mas não até ao fim da questão

Sem esse lugar nada existiria
Nem o mundo saberia
Que a nossa criação
Era agora uma geração

Todos o vemos
Mas poucos conhecemos
Capazes de tudo ultrapassar
Para novos mundos encontrar

É um lugar tão escuro
Que apenas as estrelas o iluminam
E os planetas que nele dominam
Conseguem realmente viver

Nós nele vivemos um pouco
Mas num planeta louco
De poluição e civilização
Que tanta ganha tostão

É o espaço sideral
O espaço caótico
A beleza do mundo
Cujo conhecimento é tópico

Porque não podemos lá ir
Temos de á nossa Terra acostumar
Este novo conceito
Que muitos tendem a estudar

Estudam e nós sabemos
Que algo novo foi explorado
A NASA estuda para vermos
Por exemplo Marte ser reabitado

É uma ciência engraçada
Estudar para além das fronteiras do planeta
Saber quantos quilómetro daqui a Júpiter
Ou como se forma um planeta

Conhecimentos vastos
Lições de autentico doutor
O nosso planeta
Dá uma fronteira multicolor

E se um planeta novo ou cometa for encontrado
É lhe logo atribuído
Um nome numerado
Para ficar registado
Por um senhor mundialmente conhecido

Os planetas são o máximo
Porque não temos que ir até lá
Conhecer para muitos chega
Mas para outros é o alvará

Gosto muito de estudar o espaço
Mesmo que seja um mini -estudo
Saber sobre distancias é que já não
É bom mas não pró meu estudo

Reflexão final

Estes poemas que aqui se encontram são apenas os melhores porque todos os dias vem imaginação para criar mais poesia.

Penso que todos temos uma capacidade mais ou menos boa para este tipo de literatura que tem, durante a história, várias personalidades que mostram o seu talento poético.

Por isso lanço aqui um desafio divertido: tentar ser poético a brincar Apenas como passatempo desafio a escrever boa poesia, em crítica a algo que não esteja bem ou até para o parceiro amoroso.

Escolham um belo tema e escrevam, enviem alguns para a editora que os enviará a mim, se forem bem sucedidos terei todo o gosto de fazer com vós o segundo volume deste ivro de poesia

Lembrem-se: o poeta não é só quem escreve mas também quem serve de inspiração para o escritor

Desafio lançado, quem aprovar tente falar com a editora ou até comigo.

Boa sorte poetas, amigos e leitores

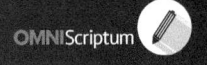